Q／GDW 11071.7—2013

目　次

前言 ·· II
1　范围 ·· 1
2　规范性引用文件 ·· 1
3　术语和定义 ·· 1
4　使用条件 ·· 1
5　技术参数 ·· 2
6　标准接口 ·· 7
7　选用原则 ·· 8
8　试验 ··· 8
附录A（规范性附录）　电压互感器通用设备一览表 ·· 12
编制说明 ··· 13

I

Q / GDW 11071.7 — 2013

前　言

Q/GDW 11071《110（66）kV～750kV 智能变电站通用一次设备技术要求及接口规范》共分为 12 个部分：

——第 1 部分：变压器；

——第 2 部分：高压并联电抗器；

——第 3 部分：气体绝缘金属封闭开关设备；

——第 4 部分：高压交流断路器；

——第 5 部分：高压交流隔离开关和接地开关；

——第 6 部分：电流互感器；

——第 7 部分：电压互感器；

——第 8 部分：高压并联电容器装置；

——第 9 部分：低压并联电抗器；

——第 10 部分：交流无间隙金属氧化物避雷器；

——第 11 部分：支柱绝缘子；

——第 12 部分：高压开关柜。

Q/GDW 11071 的每一部分中分别包括设备的技术参数、标准接口、选用原则、试验项目等内容。

本部分为 Q/GDW 11071 的第 7 部分。

本部分内容以电压互感器相关的国家标准、电力行业标准为基础，同时考虑近些年来电压互感器的制造技术的进步和运行经验的提高，标准中所规定的有关电压互感器技术参数一般高于或等于国标和行标的要求。

本部分由国家电网公司基建部提出并解释。

本部分由国家电网公司科技部归口。

本部分起草单位：中国电力科学研究院、陕西省电力设计院。

本部分主要起草人：刘锐、赵志刚、翟羽羽、雷宏。

本部分为首次发布。

II

Q／GDW 11071.7—2013

110（66）kV～750kV 智能变电站
通用一次设备技术要求及接口规范
第7部分：电压互感器

1 范围

本部分规定了 110（66）kV～750kV 智能变电站通用一次设备的正常和特殊使用条件技术参数、标准接口、选用导则和试验项目。

本部分适用于国家电网公司 110（66）kV～750kV 智能变电站中电压为 35kV～750kV 的电容式和电磁式电压互感器。

2 规范性引用文件

下列文件对于本文件的应用是必不可少的。凡是注日期的引用文件，仅注日期的版本适用于本文件。凡是不注日期的引用文件，其最新版本（包括所有的修改单）适用于本文件。

GB 311.1 高压输变电设备的绝缘配合

GB/T 507 绝缘油击穿电压测定法

GB 1207—2006 电磁式电压互感器

GB/T 4703—2007 电容式电压互感器

GB/T 4796 电工电子产品环境参数分类及其严酷程度分级

GB/T 4797 电工电子产品自然环境条件 温度和湿度

GB/T 4798 电工电子产品应用环境条件

GB/T 5582 高电压电力设备外绝缘污秽等级

GB/T 5654 液体绝缘材料 相对电容率、介质损耗因数和直流电阻率的测量

GB/T 13540 高压开关设备抗地震性能试验

GB/T 19749 耦合电容器及电容分压器

GB 50150—2006 电气装置安装工程 电气设备交接试验标准

DL/T 429.9 电力系统油质试验方法 绝缘油介电强度测定法

3 术语和定义

GB 1207—2006、GB/T 4703—2007 界定的以及下列术语和定义适用于本部分。

3.1
通用设备 general equipment

经过归并、优化参数，减少型式后，积极推广、倡导应用的设备类别。

注：本部分适用的通用设备见附录 A。

4 使用条件

4.1 一般要求

除另有规定外，本部分应适用于下列使用条件。如果使用条件与本部分规定不同时，用户应与制造厂协商解决。

1

Q / GDW 11071.7 — 2013

4.2 正常使用条件

a) 环境温度。

1) 最高：40℃；日平均：不超过 35℃。

2) 最低：户内，–15℃（允许在–25℃环境下储运）；户外，–25℃。

b) 日照强度：≤0.1W/cm²（晴天午间）。

c) 海拔：不超过 1000m。

d) 风速。户外产品：≤35m/s（最大风速）。

e) 环境湿度。

1) 月平均相对湿度：≤90%；

2) 日平均相对湿度：≤95%。

f) 耐受地震能力。

1) 地震烈度 8 度，水平加速度 0.15m/s²；

2) 地震烈度 9 度，水平加速度 0.30m/s²。

g) 污秽等级：d 级。

4.3 特殊使用条件

电压互感器可以在不同于 4.2 中规定的正常使用条件下使用，用户的要求应参照下述的特殊使用条件提出。

a) 海拔。对于使用在海拔高于 1000m 处的设备，在标准大气条件下的弧闪距离应由使用处要求的耐受电压乘以按 GB 311.1 规定的海拔校正因数确定。

b) 污秽。对于使用在严重污秽空气中的设备，污秽等级应为 GB/T 5582 中规定的 e 级。

c) 温度和湿度。对于使用在周围空气温度超出 4.1 中规定的温度范围内的设备，应优先选用的最低和最高温度的范围规定为：

1) 对严寒气候，为–50℃～+40℃；

2) 对酷热气候，为–25℃～+55℃。

注：在暖湿风频繁出现的某些地区，温度的骤变会导致凝露。

d) 振动。在可能发生地震的地区，用户应按 GB/T 13540 的规定提出设备的抗震等级。

e) 其他参数。设备在其他特殊使用条件下使用时，用户应参照 GB/T 4796、GB/T 4797、GB/T 4798 的规定提出其环境参数。

5 技术参数

电压互感器的主要技术参数包括：

a) 额定电压及设备最高电压（对进、出口产品的额定电压以设备最高电压表示）。

b) 绝缘要求。

c) 额定频率。

d) 额定输出。

e) 准确级及误差限值。

f) 额定电压因数。

g) 额定功率因数。

h) 温升限值。

i) 短路承受能力。

对于电容式电压互感器，还有：额定电容、铁磁谐振、瞬变响应、电容分压器、耦合装置等的要求。

若未加特殊说明，本部分所指电抗器均应用于额定频率为 50Hz 电力系统。

5.1 额定电压及设备最高电压标准值

额定电压及设备最高电压标准值见表1。

表 1 电压互感器额定电压值

单位：kV

设备最高电压 U_m	40.5	72.5	126	252	363	550	800
互感器额定一次电压 U_{1N}	35，35/$\sqrt{3}$	66，66/$\sqrt{3}$	110/$\sqrt{3}$	220/$\sqrt{3}$	330/$\sqrt{3}$	500/$\sqrt{3}$	750/$\sqrt{3}$
互感器额定二次电压 U_{2N}	0.1，0.1/$\sqrt{3}$	0.1，0.1/$\sqrt{3}$	0.1/$\sqrt{3}$	0.1/$\sqrt{3}$	0.1/$\sqrt{3}$	0.1/$\sqrt{3}$	0.1/$\sqrt{3}$
剩余电压绕组额定电压 U_{dN}	0.1/3	0.1/3	0.1	0.1	0.1	0.1	0.1

a） 额定一次电压。对三相互感器和用于三相系统相间连接的单相电压互感器，其额定一次电压应
为表 1 中额定电压数据。对于接在三相系统相与地间的单相电压互感器，其额定一次电压应为
额定电压的 1/$\sqrt{3}$。

b） 额定二次电压。对三相互感器和用于三相系统相间连接的单相电压互感器，其额定二次电压为
100V。对于接在三相系统相与地间的单相电压互感器，其额定二次电压为 100/$\sqrt{3}$ V。

c） 剩余电压绕组的额定电压。剩余电压绕组的额定电压与系统接地方式有关，对于中性点有效接
地系统的接地互感器，其标准值为 100V；对中性点非有效接地系统的接地互感器，其标准值为
100/$\sqrt{3}$ V。

5.2 绝缘要求

a） 额定绝缘水平。一次绕组的额定绝缘水平和耐受电压应满足 GB 311.1 的要求或按表 2 选取。

表 2 电压互感器的额定绝缘水平和耐受电压

单位：kV

额定电压（方均根值）	设备最高电压（方均根值）	1min 工频耐受电压（干式和湿式）（方均根值）	雷电冲击耐受电压（峰值）	操作冲击耐受电压（峰值）	截断雷电冲击耐受电压（峰值）
35	40.5	95[a]/80	200[b]/185	—	220
66	72.5	140	325	—	360
		160	350	—	385
110	126	200[a]/185	480[b]/450	—	530
			550		
220	252	360	850	—	950
		395	950	—	1050
330	363	460	1050	850	1175
		510	1175	950	1300
500	550	630	1425	1050	1550
		680	1550	1175	1675
		740	1675	1175	1675
750	800	975	2100	1550	2250

a 斜线左侧的数据为设备外绝缘干状态之耐受电压。
b 仅用于设备的内绝缘。

Q / GDW 11071.7 — 2013

   b）一次绕组接地端工频试验电压为 5kV。

   c）中压回路接地端 1min 工频耐受电压为 3kV。

   d）二次绕组之间及对地 1min 工频耐受电压为 3kV。

   e）电容式电压互感器中的电容分压器的绝缘水平应满足 GB/T 19749 的要求。

   f）爬电距离：

      1）750kV 电压互感器的外绝缘爬电距离（mm）≥20 000K_d，套管干弧距离≥5500mm。

      2）500kV 电压互感器的外绝缘爬电距离（mm）≥13 750K_d，套管干弧距离≥3800mm。

      3）330kV 电压互感器的外绝缘爬电距离（mm）≥9075K_d，套管干弧距离≥2700mm。

      4）220kV 电压互感器的外绝缘爬电距离（mm）≥6300K_d，套管干弧距离≥1800mm。

      5）110kV 电压互感器的外绝缘爬电距离（mm）≥3150K_d，套管干弧距离≥900mm。

      6）66kV 电压互感器的外绝缘爬电距离（mm）≥1813K_d。

      7）35kV 电压互感器的外绝缘爬电距离（mm）≥1256K_d。

注：K_d 为直径校正系数。当平均直径小于 300mm 时，K_d=1.0；300mm≤平均直径≤500mm 时，K_d=1.1；平均直径大于 500mm 时，K_d=1.2。

   g）电容和介质损耗因数。对于设备最高电压 U_m≥40.5kV 的油浸式电压互感器一次绕组的绝缘，其电容和介质损耗因数取决于互感器的绝缘设计，且和电压、温度等因素有关。在正常环境温度、额定频率和测量电压为 10kV～U_m/$\sqrt{3}$ kV 的条件下，各种绝缘结构的电压互感器的介质损耗因数不得超过表 3 规定的数值。

表 3　U_m≥40.5kV 电压等级下的介质损耗因数规定值

产品类型	结构形式	测量电压 kV	介质损耗因数 tanδ
电磁式	不接地互感器	10	≤0.005
	串级式互感器	10	≤0.02
	支架	10	≤0.05
电容式	电容分压器	（0.9～1.1）U_N	≤0.001 5
注：电容分压器介质损耗因数是在 20℃及以下，用能排除由于谐波和测量电路内的附件所引起的误差的方法测量，测量准确度应不低于 20%。			

   h）局部放电水平。对于设备最高电压为 7.2kV 及以上的电磁式电压互感器，其局部放电水平应不超过表 4 的规定数值。

表 4　允许的局部放电水平

系统接地方式	局部放电测量电压 kV	局部放电允许水平（视在放电量） pC	
		绝缘类型	
		液体浸渍	固体
中性点绝缘系统 或非有效接地系统	1.2U_m	10	50
		5	20
中性点有效接地系统	U_m	10	50
		5	20
注 1：若中性点接地方式没有明确，则局部放电水平可按中性点绝缘或非有效接地系统考虑。 注 2：局部放电的允许值，对于非额定频率也是适用的。 注 3：表中两组允许值由制造厂按对应的测量电压任选其一。			

4

i) 绝缘油介质主要性能要求。当电压互感器的绝缘介质采用变压器油时，其主要性能应满足表 5 的规定。

表 5 变压器油主要性能要求

项 目	设备电压等级 kV	质量指标	试 验 方 法
击穿电压	35～750	≥50kV	按 GB/T 507 和 DL/T 429.9 进行试验
介质损耗因数 （90℃）	35～750	≤0.5%	按 GB 5654 进行试验

j) 气体介质主要性能要求。当电压互感器的绝缘介质采用 SF_6 气体介质时，其产品性能要求如下：
   1) 20℃下 SF_6 气体含水量不超过 250μL/L；
   2) SF_6 气体的纯度大于 99.95%。

5.3 额定频率
额定频率为 50Hz。

5.4 额定输出
额定输出的标准值为 10VA。

5.5 负荷额定功率因数
负荷额定功率因数为 0.8。

5.6 准确级及误差限值
a) 测量、计量用电压互感器。
   1) 准确级的标称。测量、计量用电压互感器的准确级，以该准确级在额定电压下规定的最大允许电压误差的百分数标称。
   2) 标准准确级。测量、计量用电压互感器的标准准确级有 0.2 级、0.5 级。
b) 保护用电压互感器。
   1) 准确级的标称：
      ——所有保护用电压互感器，应给出相应的测量准确级和保护准确级。
      ——保护用电压互感器的准确级，以该准确级在 5%额定电压到额定电压因数相对应的电压范围内，最大允许电压误差的百分数标称，其后标以字母"P"（表示保护）。
   2) 标准准确级。保护用电压互感器的标准准确级为 3P。
   3) 剩余电压绕组的准确级。剩余电压绕组的准确级为 3P。如果剩余电压绕组作为其他特殊用途时，由制造厂与用户协商选择其他标准准确级；如果剩余电压绕组仅作为阻尼用，可不要求标出其准确级。

5.7 额定电压因数
额定电压因数与电压互感器一次绕组接法和系统接地方式有关，其标准值见表 6。

表 6 电压互感器的额定电压因数

额定电压因数	额定时间	一次绕组接法和系统接地方式
1.2	连续	任一电网，相对相； 任一电网的变压器中性点与地之间
1.2	连续	中性点有效接地系统，相对地之间
1.5	30s	

Q / GDW 11071.7 — 2013

表 6（续）

额定电压因数	额定时间	一次绕组接法和系统接地方式
1.2	连续	带自动切除对地故障的中性点非有效接地系统，相对地之间
1.9	30s	
1.2	连续	无自动切除对地故障装置的中性点绝缘系统或共振接地系统中的相对地之间
1.9	8h	

5.8 温升限值

5.8.1 电压互感器一次电压为规定电压、额定频率和额定负荷（如果有几个额定负荷时，应指最大额定负荷）及负荷的功率因数在 0.8（滞后）～1.0 之间的任一数值连续工作时，其各部位的温升不应超过表 7 所列的限值。绕组温升受其本身绝缘或包围的介质的最低绝缘等级限制。各种绝缘等级温升限值见表 7。

5.8.2 施加在互感器上的电压值规定如下：

a) 不论其额定电压因数和额定时间如何，所有电压互感器均在 1.2 倍额定一次电压下连续进行试验，直到温度达到稳定为止。如果规定了热极限输出，互感器应在额定一次电压和对应其热极限输出且功率因数为 1.0 的负荷下，剩余电压绕组不接负荷时进行试验。

b) 额定电压因数为 1.5 或 1.9、额定时间为 30s 的电压互感器，应在连续施加 1.2 倍额定电压和足够的时间下达到稳定热状态后，立即以其各自的额定电压因数施加电压，历时 30s，绕组温升应不超过规定限值的 10K。这种互感器也可从冷态开始，以其各自的电压因数施加电压，历时 30s，绕组温升应不超过 10K。上述两种方法可任选其一。

注：如果能用其他方法证明互感器在这些条件下满足要求时，则可不进行本试验。

c) 额定电压因数为 1.9、额定时间为 8h 的互感器，应在连续加 1.2 倍额定电压和足够的时间下达到稳定热状态后，立即施加 1.9 倍额定电压，历时 8h，其温升应不超过规定限值 10K。

表 7　电压互感器不同部位不同绝缘材料的温升限值

序号	互感器部位	绝缘材料及耐热等级			温升限值 K		
					油中	SF₆中	空气中
1	绕组	油浸式的所有绝缘耐热等级			60	—	—
		油浸且全密封的所有绝缘耐热等级			65	—	—
		充填沥青胶的所有绝缘耐热等级			—	—	50
		干式（不浸油，不充胶）	绝缘耐热等级	Y	—	45	45
				A	—	60	60
				E	—	75	75
				B	—	85	85
				F	—	110	110
				H	—	135	135
2	不与绝缘材料（油除外）触的金属零件	裸铜、裸铜合金、镀银				105	105
		裸铝、裸铝合金、镀银				95	95
3	铁芯及其他金属结构零件表面				不得超过所接触或邻近的绝缘材料温度		

6

表 7（续）

序号	互感器部位	绝缘材料及耐热等级	温升限值 K		
			油中	SF₆中	空气中
4	油顶层	一般情况	50	—	—
		油面充有惰性气体或全密封时	55	—	—

注 1：表中所列限值是以第 4 章使用环境条件为依据的。如果环境温度（互感器周围介质温度）高于 4.1 的数值时，应将表中的温升限值减去所超过的温度值。

注 2：如果互感器工作在海拔超出 1000m 的地区，而试验是在海拔低于 1000m 处进行时，应将表中的温升限值按工作地点海拔超出 1000m 后，每高出 100m 减去下述数值：油浸式互感器，0.4%；干式互感器，0.5%。

5.9 机械强度要求

设备额定电压（方均根值）35kV 及以上的电压互感器，其一次绕组端子的水平和垂直方向应能承受表 8 所规定的静态试验荷载。

表 8 静 态 承 受 试 验 载 荷

额定电压 U_N kV	静态承受载荷 N
66	2500
110	3000
220，330	4000
500	6000

注 1：在日常运行条件下，起作用的载荷总和应不超过规定的承受试验载荷的 50%。

注 2：电流互感器应能承受很少发生的不超过 1.4 倍静态承受极端动力载荷（例如：短路），其大小不应超过 1.4 倍静态承受试验载荷。

注 3：在某些应用中，可能需要防止一次端子旋转的阻力。试验时施加的力矩，应由制造厂和用户协商确定。

5.10 额定电容

电容式电压互感器的额定电容值应优先在下列数值中选取：0.005、0.01、0.02μF。

6 标准接口

6.1 电气接口

6.1.1 安装要求

a）采用高位布置，安装在支架上，用螺栓与支架固定。

b）750kV 电压互感器安装底座螺孔中心距离及螺孔大小采用 670mm×670mm 和 4×φ24mm。110kV～500kV 电压互感器安装底座螺孔中心距离及螺孔大小采用 530mm×530mm 和 4×φ24mm。66kV 电容式电压互感器安装底座螺孔中心距离及螺孔大小采用 530mm×530mm，4×φ24mm；66kV 电磁式电压互感器采用 500mm×500mm，4×φ20mm。35kV 电容式电压互感器安装底座螺孔中心距离及螺孔大小采用 530mm×530mm，4×φ24mm，35kV 油浸电磁式电压互感器采用 315mm×315mm，4×φ18mm。

6.1.2 接线端子板要求

电压互感器接线端子应由铝合金、铜或铜合金制成，并有可靠的防锈镀层和防松措施。一次接线端子用接线板引出，二次接线端子直径不小于 6mm，接线板应具有良好的防潮性能。

6.2 土建接口

电压互感器宜每相一个支架，推荐采用镀锌钢管杆，支架（包括地脚螺栓）由制造厂提供，顶封板螺孔中心距离及螺孔大小与电气一次安装要求相同，钢管杆颜色为银灰色，每个支架应有两个接地点，接地点高度与其他设备接地点一致。支架具体管径大小应根据规范要求计算确定。

7 选用原则

国家电网公司 110（66）kV～750kV 智能变电站用的电压互感器包括 35kV～750kV 共计 9 种设备，其中 750kV 包括电容式一种结构型式一种设备，500kV 包括电容式一种结构型式一种设备，330kV 包括电容式一种结构型式一种设备，220kV 包括电容式一种结构型式一种设备，110kV 包括电容式一种结构型式一种设备，66kV 包括电容式和电磁式两种结构型式两种设备，35kV 包括电容式和电磁式两种结构型式两种设备。本部分所述范围内选用的设备除符合本部分内所述要求外，同一地区的同类设备参数、安装布置原则上应保持一致。

在目前智能变电站中，通常采用"常规电压互感器+合并单元"的模式对电压互感器的模拟量信号进行数字化采集，供站内二次系统使用。

8 试验

本部分所规定的试验分为型式试验、例行试验、特殊试验和现场交接试验。

8.1 电磁式电压互感器试验

8.1.1 型式试验

具体试验项目如表 9 所示。

表 9 型 式 试 验 项 目

试 验 项 目	条 款 号
温升试验	GB 1207—2006 的 9.1
短路承受能力试验	GB 1207—2006 的 9.2
额定雷电冲击试验和截断雷电冲击试验	GB 1207—2006 的 9.3.2 和 9.3.3
操作冲击试验（$U_m \geq 300kV$）	GB 1207—2006 的 9.3.4
户外互感器的湿试验	GB 1207—2006 的 9.4
无线电干扰试验	GB 1207—2006 的 9.5
励磁特性测量	GB 1207—2006 的 9.6
准确度试验	GB 1207—2006 的 14.3

8.1.2 例行试验

具体试验项目如表 10 所示。

表 10 出 厂 试 验 项 目

试 验 项 目	条 款 号
端子标志检验	GB 1207—2006 的 10.1
一次绕组工频耐压试验	GB 1207—2006 的 10.2
局部放电测量	GB 1207—2006 的 10.2.4
二次绕组工频耐压试验	GB 1207—2006 的 10.3

Q／GDW 11071.7—2013

表 10（续）

试 验 项 目	条 款 号
绕组段间工频耐压试验	GB 1207—2006 的 10.3
电容量和介质损耗因数测量	GB 1207—2006 的 10.4
励磁特性测量	GB 1207—2006 的 10.5
绝缘介质特性试验	GB 1207—2006 的 10.6
密封性能试验	GB 1207—2006 的 10.7
准确度试验	GB 1207—2006 的 14.4

8.1.3 特殊试验

具体试验项目如表 11 所示。

表 11 特 殊 试 验 项 目

试 验 项 目	条 款 号
机械强度试验	GB 1207—2006 的 11.1
传递过电压测量	GB 1207—2006 的 11.2

8.1.4 现场交接试验

具体试验项目如表 12 所示。

表 12 现 场 试 验 项 目

试 验 项 目	条 款 号
绕组的绝缘电阻测量	GB 50150—2006 的 9.0.2
接线组别和极性检查	GB 50150—2006 的 9.0.8
交流耐压试验	GB 50150—2006 的 9.0.5
绕组直流电阻测量	GB 50150—2006 的 9.0.7
绝缘介质性能试验	GB 50150—2006 的 9.0.6
准确度（误差）测量及极性检查	GB 50150—2006 的 9.0.9
励磁特性测量	GB 50150—2006 的 9.0.10
密封性能检查	GB 50150—2006 的 9.0.13

8.2 电容式电压互感器试验

8.2.1 型式试验

具体试验项目如表 13 所示。

表 13 型 式 试 验 项 目

试 验 项 目	条 款 号
准确度检验	GB 4703—2007 的 10.6
温升试验	GB 4703—2007 的 9.1
电容量和介质损耗测量	GB 4703—2007 的 9.2

9

Q / GDW 11071.7—2013

表 13（续）

试 验 项 目	条 款 号
短路承受能力试验	GB 4703—2007 的 9.3
额定雷电冲击试验和截断雷电冲击试验	GB 4703—2007 的 9.4.2 和 9.4.3
操作冲击试验（$U_m \geq 300kV$）	GB 4703—2007 的 9.5.2
户外互感器的湿试验	GB 4703—2007 的 9.5.1
无线电干扰试验	GB 4703—2007 的 9.9
暂态响应试验	GB 4703—2007 的 9.8
铁磁谐振试验	GB 4703—2007 的 9.6
准确度试验	GB 4703—2007 的 9.7

8.2.2 例行试验

具体试验项目如表 14 所示。

表 14 出 厂 试 验 项 目

试 验 项 目	条 款 号
电容分压器密封性能试验	GB 4703—2007 的 10.1
电容量和介质损耗测量	GB 4703—2007 的 9.2
工频耐压试验	GB 4703—2007 的 10.2
局部放电测量	GB 4703—2007 的 10.2.3
端子标志检验	GB 4703—2007 的 10.3
电磁单元的工频耐压试验	GB 4703—2007 的 10.4
电容分压器低压端子的工频耐压试验	GB 4703—2007 的 10.2.4
铁磁谐振试验	GB 4703—2007 的 10.5
准确度检验	GB 4703—2007 的 10.6
电磁单元密封性能试验	GB 4703—2007 的 10.7

8.2.3 特殊试验

具体试验项目如表 15 所示。

表 15 特 殊 试 验 项 目

试 验 项 目	条 款 号
机械强度试验	GB 4703—2007 的 11.1
传递过电压测量	GB 4703—2007 的 11.2
温度系数测定	GB 4703—2007 的 11.3

8.2.4 现场交接试验

具体试验项目如表16所示。

表16 现场试验项目

试 验 项 目	条 款 号
电容分压器低压端对地的绝缘电阻测量	GB 50150—2006 的 9.0.2
分压电容器的介质损耗因数 tanδ 和电容量测量	GB 50150—2006 的 9.0.3
电容器分压的交流耐压试验	GB 50150—2006 的 9.0.5
分压电容器渗漏油检查	GB 50150—2006 的 9.0.13
电磁单元线圈部件的绕组直流电阻测量	GB 50150—2006 的 9.0.7
电磁单元各部件的绝缘电阻测量	GB 50150—2006 的 9.0.2
电磁单元各部件的连接检查	GB 50150—2006 的 9.0.12
电磁单元的密封性检查	GB 50150—2006 的 9.0.13
准确度试验	GB 50150—2006 的 9.0.12
阻尼器检查	GB 50150—2006 的 9.0.12

附 录 A
（规范性附录）
电压互感器通用设备一览表

A.1 电压互感器通用设备有以下 9 种，见表 A.1。

表 A.1 电压互感器通用设备一览表

序号	电压等级 kV	设备编号	结 构	额定电容量 pF
1	750	7CVT	电容式	5000
2	500	5CVT	电容式	5000
3	330	3CVT	电容式	5000（10 000）
4	220	2CVT	电容式	5000（10 000）
5	110	1CVT	电容式	10 000（20 000）
6	66	CCVT	电容式	10 000（20 000）
7		CPT	电磁式	无
8	35	BCVT	电容式	20 000
9		BPT	电磁式	无

A.2 电压互感器设备编号说明如下：

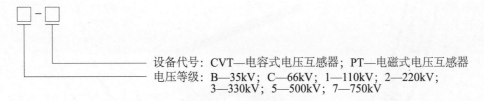

设备代号：CVT—电容式电压互感器；PT—电磁式电压互感器
电压等级：B—35kV；C—66kV；1—110kV；2—220kV；
3—330kV；5—500kV；7—750kV

Q / GDW 11071.7—2013

110（66）kV～750kV 智能变电站
通用一次设备技术要求及接口规范
第 7 部分：电压互感器

编 制 说 明

Q / GDW 11071.7 — 2013

目　次

一、编制背景 ··· 15

二、编制主要原则 ·· 15

三、与其他标准文件的关系 ··· 15

四、主要工作过程 ·· 15

五、标准结构和内容 ·· 15

六、条文说明 ··· 16

Q / GDW 11071.7 — 2013

一、编制背景

目前国家电网公司尚无变电站主设备接口参数相关标准，为了进一步提高国家电网公司对智能变电站一次主设备的要求，提升基建工作设计、管理等环节的标准化和管理水平，在工程设计、招标采购、运行维护、电网安全、设备制造等方面，规范智能变电站设备选型，推广应用通用设备，统一智能变电站一次设备的技术要求和订货规范制定本部分。一是建立健全国家电网公司技术标准体系；二是统一设备和技术标准，为国家电网公司集中规模招标和网省公司设备选型、招标采购提供技术依据，从而体现公司集约化发展，标准化建设的管理理念。

本部分依据《国家电网公司关于下达 2013 年度公司技术标准制修订增补计划的通知》（国家电网科〔2013〕1247 号）文件的要求编写。

二、编制主要原则

本部分的编制以安全可靠、技术先进、自主创新、标准统一、通用互换、控制成本、环保节约、提高效率、降低造价为原则，以现行规范、标准为参考，体现可靠性、统一性、通用性、经济性、先进性和灵活性的协调统一。

原计划项目的标准名称为《110（66）kV～750kV 智能变电站一次设备通用技术要求　第 7 部分：电压互感器》，根据多次会议的专家意见，将名称修改为《110（66）kV～750kV 智能变电站通用一次设备技术要求及接口规范　第 7 部分：电压互感器》。

三、与其他标准文件的关系

与现行标准相比，本部分填补了电压互感器电气接口、二次接口、土建接口技术要求的空白，并对国家电网公司 110（66）kV～750kV 智能变电站用的电压互感器技术参数提出了明确要求。本部分未有特别指出的内容，遵照现行标准执行。

四、主要工作过程

2010 年，国家电网公司基建部下达了国家电网公司通用设备"回头看"工作，中国电力科学研究院开展了广泛的调研，对通用设备目录进行修编完善。

2011 年，国家电网公司基建部下达了"国家电网公司 110（66）kV～500kV 变电站通用设备规范完善研究"项目，由中国电力科学研究院联合六家设计单位开展通用设备深化完善研究，进一步深化、细化标准化建设成果，进行部分设备种类的修编及标准接口的深度规范，深化通用设备电气一、二次接口和土建接口规范，达到施工图设计深度要求，方便物资采购，为真正实现相同运行条件下同类设备通用互换打下基础。

2012 年，国家电网公司基建部下达"智能变电站通用设备优化集成及施工图设计标准化应用研究"项目，中国电力科学研究院联合国网电力科学研究院和五家设计单位，开展了 110（66）kV～750kV 智能变电站通用设备分析研究，并最终出版了《国家电网公司输变电工程通用设备 110（66）kV～750kV 智能变电站一次设备（2012 年版）》。

2013 年，根据《国家电网公司关于下达 2013 年度公司技术标准制修订增补计划的通知》（国家电网科〔2013〕1247 号）文件的要求，中国电力科学研究院联合陕西省电力设计院，总结提炼以上各项工作及项目成果，形成标准初稿。

2013 年 7 月，召开初稿专家评审会，会后，编制单位根据专家意见形成征求意见稿。

2013 年 9 月，公司基建部发函，广泛征求各电力公司单位意见。

2013 年 10 月，整理汇总征求意见，并修改完善形成标准送审稿。

2013 年 11 月，召开标准送审稿专家评审会，并根据专家意见，修改完善形成报批稿。

五、标准结构和内容

Q/GDW 11071 依据国家电网公司技术标准编写要求进行标准编制，按照变电站主设备共分为 12 个部分，包括变压器、高压并联电抗器、气体绝缘金属封闭开关设备、高压交流断路器、高压交流隔离开关和接地开关、电流互感器、电容式电压互感器、高压并联电容器装置、低压并联电抗器、交流无间隙

15

Q／GDW 11071.7 — 2013

金属氧化物避雷器、支柱绝缘子和高压开关柜。本部分为 Q/GDW 11071 的第 7 部分。

本部分的主要结构和内容如下：

（1）目次。

（2）前言。

（3）标准正文。共设 8 章：范围、规范性引用文件、术语和定义、使用条件、技术参数、标准接口、选用原则、试验。

（4）附录。

（5）编制说明。

六、条文说明

3～7　均是依据《国家电网公司输变电工程通用设备 110（66）kV～750kV 智能变电站一次设备（2012 年版）》编制而成。

4　正常和特殊使用条件中，污秽等级采用 GB/T 26218.1 规定的序列。

6.1　依据《国家电网公司输变电工程通用设备 110（66）kV～750kV 智能变电站一次设备（2012 年版）》，明确了 110（66）kV～750kV 智能变电站电压互感器安装要求。

———————————